NOTICE

SUR LES PROPULSEURS NATURELS,

POUR

LA LOCOMOTION TERRESTRE, MARITIME ET AÉRIENNE.

PRÉCÉDÉE

DE LA DESCRIPTION DES SONDES LIBRES,

OU

GÉOSTAT, HYDROSTAT ET ARÉOSTAT A ÉCHAPPEMENT;

Dédiée au Professeur BAUR, de Mayence,

MEMBRE DE PLUSIEURS ACADÉMIES ET SOCIÉTÉS SAVANTES,

PAR SON ÉLÈVE.

P.-J. FRIEDERICH-FERDINAND,

CAPITAINE AU 2e ÉTRANGER.

SECONDE PARTIE,

Publiée avant la Première.

PROPULSEURS MARITIMES.

Avec quatre Planches Lithographiées.

PARIS,

IMPRIMERIE DE WITTERSHEIM,

RUE MONTMORENCY, N° 8.

1848.

MON CHER PROFESSEUR,

Je vous demande bien pardon d'écrire dans une langue autre que celle dans laquelle vous m'avez enseigné la science de Pythagore. J'écris en français, dans la conviction que les hommes, dans leurs destinées nouvelles, comprendront bientôt l'urgence de l'adoption d'une langue universelle, et que cette langue ne sera autre que la langue française, débarrassée, bien entendu, de ses irrégularités et surtout de son orthographie effrayante, cause peut-être principale de l'instruction si arriérée des classes populaires en France. Avec la langue universelle, comme je la comprends, rejetant les lettres dont la distinction des autres exige une oreille exercée et attentive, et n'admettant pour chaque lettre qu'un seul son invariable, les enfants, que l'on laissera se développer en toute liberté, jusqu'à l'âge de huit ou neuf ans, et même au-delà, *s'ils sont destinés à la carrière scientifique*, apprendront à lire en quelques jours, et aussitôt qu'ils sauront former les lettres, ils écriront sans faire une seule faute d'orthographe.

Vous m'avez rappelé, mon cher professeur, il y a peu de temps, avec quelle facilité je me suis toujours maintenu à la première place parmi mes condisciples, même parmi ceux qui avaient eu sur moi l'avance de l'instruction qu'ils avaient acquise pendant toute une année, non d'une année vulgaire, mais d'une année scolaire passée sous *votre* direction. Tout le monde avait considéré ce saut d'une classe comme téméraire, — mes nouveaux condisciples se moquaient de mes prétentions. — Je leur ai donné une bonne leçon en leur enlevant tous les premiers prix principaux : prix d'excellence, du latin, du grec, des mathématiques (12 septembre 1827), ce qui a réduit leur part aux accessits, les seconds prix étant inconnus au collége de Mayence. — Ce succès, qui a été déclaré sans exemple, est dû entièrement à l'intelligence de mes parents, qui ont eu la bonne idée de ménager ma faible constitution en me laissant courir les champs jusqu'à l'âge de plus de huit ans. Les difficultés élémentaires de la prononciation et de l'orthographie française dans la forme actuelle de la langue empêcheraient les parents de suivre une marche semblable.

Il ne suffit pas, mon cher professeur, d'avoir été un prodige de collége ; il faut employer les dons du Créateur pour le bien de ses semblables.

J'attendrai le jugement des hommes sur les propulseurs maritimes, avant que de publier les autres parties de cette Notice.

Votre élève reconnaissant.

LOCOMOTION MARITIME.

D'après le principe général, mathématiquement établi dans la première partie par la combinaison des deux bases de toutes les sciences positives, le Théorême de Pythagore et le Bynôme de Newton, les instruments et machines réalisant la locomotion maritime, verticale et horizontale, c'est-à-dire les *sondes* et les *propulseurs*, sont nécessairement de trois espèces différentes, savoir :

Sondes.

1° *Sonde ordinaire à corde.* Corps homogène.

2° *Cloche à plongeur.* Composée de deux corps de pesanteur spécifique différente, fonctionnant comme corps homogène.

3° *Sonde libre ou hydrostat.* Composée de deux corps hétérogènes, fonctionnant comme flotteur et lest, et se séparant par échappement, soit au fond de l'Océan, soit à une profondeur déterminée.

Propulseurs.

1° *Propulseurs* ne pouvant fonctionner qu'à la *surface* de l'Océan.

2° *Propulseurs sous-marins.*

3° *Propulseur apogée,* résultant de la combinaison des deux premiers (1).

Je passerai sous silence la première catégorie ; les dispositions mécaniques les plus ingénieuses appliquées à ces propulseurs illogiques n'en ont pas corrigé les vices principaux, et toute tentative ultérieure échouera forcément par cette seule raison que les lois de la nature ont une valeur absolue et générale. La locomotion maritime ne peut être

(1) L'hydrostat est également un apogée provenant de la combinaison de la sonde ordinaire (lest) et de la cloche à plongeur (flotteur).

logiquement obtenue que par les moyens généraux employés pour la locomotion terrestre. Pour cette dernière, la création d'une route artificielle, exempte de fortes secousses, est de toute rigueur.

La création d'une route semblable sur la *surface* de l'Océan est impossible, aucune force humaine ne pouvant y supprimer l'action des vagues.

2° *Propulseurs sous-marins* (1). Ils sont de trois espèces :

1° Roue à palettes *immobiles*. Hélice.

2° Roue à palettes *tournantes* ayant les axes de rotation *parallèles* à l'axe de la roue.

3° Roue à palettes *tournantes* ayant les axes de rotation *perpendiculaires* à l'axe de la roue.

3° *Propulseur apogée*. Il se trouve, comme les propulseurs sous-marins, *au-dessous de flottaison* où il fonctionne comme *à la surface*, par la création d'un niveau artificiel où règne constamment un calme plat. Les palettes sont toujours normales à la route.

La formule du propulseur maritime apogée a été employée dans la création des palmipèdes, dont le pyroscaphe, dans sa forme actuelle, est le représentant dans la création inanimée. Les moyens employés par le Créateur ont une valeur absolue; en imitant les œuvres du Grand Mécanicien, on est certain de ne pas faire fausse route.

CHAPITRE PREMIER.

Sondes.

La sonde ordinaire et la cloche à plongeur étant des instruments connus et entrés dans la pratique, je ne parlerai ici que de la sonde libre dont l'invention ne date que du 12 décembre 1847. L'honneur de cette découverte revient à une jeune fille de cinq ans, mademoiselle Elisa Cipollina, née à Paris le 16 avril 1843. Pendant une promenade maritime dans la rade de Bône (Algérie), cette enfant qui voyait que les coquillages qu'elle jetait dans la mer allaient au fond et que les fleurs flottaient sur l'eau, fit à son tuteur cette demande judicieuse : « Si tu attachais une fleur avec un coquillage, comment cela nagerait-il? »

(1) Il n'est question ici que de Propulseurs à mouvement continu ou de rotation; ceux à mouvement alterne et à mouvement intermittent appartiennent à la création animée. Ils sont de trois espèces : 1° une seule palette tournante (plan); 2° deux palettes fermant à charnière (coin); 3° Plusieurs palettes fermant en parapluie (angle solide).

Quelques secondes plus tard, une fleur descendait lentement au fond de la mer. L'enfant suivait des yeux l'immortelle entraînée par la coquille; elle regrettait sa fleur, et me priait de la faire revenir sur l'eau. Comme je lui répondais que cela n'était pas possible, la petite Elisa me dit en boudant : « Tu es un méchant; tu l'as attachée trop fort, sans cela elle serait bien revenue toute seule ! »

La petite Parisienne venait de prononcer la formule complète de la sonde libre, instrument composé de deux corps, Flotteur et Lest, dont le plus léger revient du fond de l'Océan en se détachant du corps plus pesant que l'eau.

Une fois la formule connue, cette séparation au fond de la mer a été facilement obtenue par un échappement fort simple et infaillible.

La planche première donne le mécanisme de l'hydrostat élémentaire avec le développement que cet instrument est susceptible d'acquérir.

Les figures A et B représentent les hydrostats à échappement au fond, ou sondes *mâles;* C et D indiquent le mécanisme des sondes *femelles* qui ne descendent qu'à une profondeur déterminée. E est le tube gradué dont les hydrostats doivent être munis pour les opérations scientifiques, ayant pour but l'exploration de grandes profondeurs. Les sondes A et C sont à échappement direct; elles prennent un mouvement ascensionnel aussitôt que l'échappement a lieu. B et D sont à échappement indirect, c'est-à-dire s'arrêtant un certain laps de temps à l'endroit où l'échappement se dégage. *f* est le flotteur (1), *p* la pierre ou le lest; pour la sonde D, le lest est divisé en deux portions : *p'* est la portion qui s'échappe directement pour mettre l'hydrostat en équilibre avec l'eau; *l* est le lacet d'échappement, *a* l'anneau de suspension, *b* la baguette avec le crochet d'échappement. Pour les deux sondes femelles, la baguette avec le crochet est remplacée par le tube cylindrique *c* et la tringle *t* attachée au piston.

L'hydrostat A est muni d'un appareil électrique *g*, composé de quelques couples galvaniques pour l'éclairage pendant la nuit. Cette disposition permet de sonder au loin par une nuit obscure et orageuse. La profondeur sera exactement indiquée par le temps que la sonde restera submergée. L'échappement prendra une forme qui lui donnera la solidité nécessaire; c'est l'affaire du mécanicien. Les tubes des sondes femelles sont remplis d'air atmosphérique qui se comprime de plus en

(1) Pour l'exploration scientifique du lit de l'Océan, le flotteur sera un corps liquide enfermé dans une capsule. On choisira de préférence les liquides légers qui ont peu d'affinité pour l'eau tels que la naphthe.

plus pendant que l'hydrostat descend, et fait monter le piston qui entraîne la tringle d'échappement. Cette tringle est à coulisse, afin de pouvoir opérer l'échappement à une profondeur quelconque.

La forme donnée au tube gradué E évite l'inconvénient des dégrés trop resserrés vers le haut de l'échelle, lorsqu'il s'agit de très-grandes profondeurs.

Les soupapes *s* sont munies de petits flotteurs que l'eau soulève aussitôt qu'elle est en contact avec eux. Les pistons restent à la hauteur extrême à laquelle ils montent au fond de l'eau. Les petits tenons *r* sont destinés à ouvrir les soupapes des grands pistons, afin de permettre à l'eau de monter dans les cylindres supérieurs. Les tubes des sondes C et D prendront, au besoin, une forme analogue à celle du tube E. Au moyen d'un certain nombre d'hydrostats A munis du tube E, sans l'appareil électrique, trois Pyroscaphes, combinant leurs opérations, peuvent prendre, en moins de six mois, la coupe équitorale de l'écorce solide du globe terrestre, par un sondage de kilomètre en kilomètre. Le premier *plante* à distances égales des hydrostats numérotés; les deux autres, se tenant l'un derrière l'autre à une distance qui exige douze heures de marche, les *récoltent* après leurs émersions successives. Cette distance de douze heures permettra au premier pyroscaphe de continuer son opération jour et nuit; les deux autres ne travailleront que pendant le jour. La figure 8 fera comprendre la marche de cette opération qui effraie peut-être l'imagination des hommes acccoutumés aux petites choses.

Le sondage entre Calais et Douvres, de cent mètres en cent mètres, sera l'affaire de trois heures pour deux bateaux à vapeur marchant l'un derrière l'autre.

L'hydrostat mesure avec une précision mathématique tous les courants de l'Océan, depuis la surface jusqu'aux plus grandes profondeurs. La figure 5 indique la manière d'opérer. Les lettres A, B, C et D désignent les diverses espèces de sondes employées à cette mesure. Les sondes A et B combinées mesurent le courant de la surface. Les positions successives de A et de B indiquent la manière de s'en servir.

Les positions relatives de A''' et B'', au moment de l'émersion de B, donnent la vitesse exacte du courant. Il va sans dire que la marche des deux sondes doit être uniforme et qu'elles descendent au fond de l'Océan en même temps et tout près l'une de l'autre. La direction et la vitesse des courants sous-marins, entre x et y par exemple, n'a aucune influence sur le résultat obtenu.

Les sondes C et D donnent par leur combinaison la vitesse du courant sous-marin à la profondeur de z. Les positions relatives de C''' et D''' au moment de l'émersion de D indiquent la vitessse du courant sous-marin comparée à celle du courant de la surface. Les autres courants sous-marins n'ont aucune influence sur le résultat de l'opération.

Le principe sur lequel est basé le mécanisme de la sonde D est susceptible d'une grande variation. Le flotteur peut, comme le lest, être divisé en plusieurs portions.

Par l'abandon successif de petites portions de lest et de flotteur, la sonde peut être maintenue fort longtemps dans une couche d'eau rigoureusement limitée. Ce mécanisme recevra son application dans la construction du pyroscaphe sous-marin et surtout dans l'établissement des tunels maritimes flottant entre deux eaux à une distance invariable de la surface (1).

CHAPITRE SECOND.

Propulseurs sous-marins.

L'*hélice* étant entrée dans la pratique avec un succès fort médiocre et n'étant, à cause de sa nature homogène, susceptible d'aucun développement ultérieur, je n'ai ici à examiner que les roues à palettes rotatives.

La formule générale de ces roues est celle-ci : « Palettes tournantes faisant un demi-tour autour de leurs axes pendant que la roue fait une révolution entière ; les palettes diamétralement opposées restent toujours normales l'une à l'autre. »

Les dispositions mécaniques pour obtenir cette rotation diffèrent nécessairement pour les deux espèces de roues, suivant que l'axe de la palette est parallèle ou normal à l'axe de la roue de propulsion.

La figure F de la 2e planche donne le mécanisme élémentaire de la roue à palettes rotatives dont les axes de rotation sont parallèles à l'axe de la roue.

a est une roue immobile centrale dans laquelle l'arbre coudé tourne librement, son diamètre est égal au rayon de la roue *b*. Les roues horizontales *c* sont de dimensions égales entre elles. La roue *a* n'est pas rigidement fixée au corps du navire. Elle est munie d'un engrenage auxiliaire au moyen duquel elle est liée à une petite roue latérale dont

(1) La priorité de l'invention de l'hydrostat m'a été contestée. Le *Sémaphore* de Marseille du 21 janvier 1848 a inséré ma réponse invariable sur toute question de priorité.

l'axe passe à travers la paroi du bateau. Cet axe est muni d'une clef *d* au moyen de laquelle on tourne la roue *a* à volonté. Les palettes prendront ainsi telle position que l'on voudra leur donner. Le navire, sans changer l'allure de la machine à vapeur, marchera en arrière et s'arrêtera sur place. Dans ce dernier cas, l'impulsion produite par les palettes est purement verticale.

Si la roue, au lieu de tourner dans le sens vertical, prend une rotation horizontale, l'impulsion verticale devient latérale, normale à la quille. Dans cette position, la roue fournit un gouvernail d'une puissance inconnue jusqu'à présent. Le navire exécutera la pirouette sur place avec une grande énergie et imitera la marche latérale du crabe.

Cette roue n'est pas exempte de vices. Outre l'inconvénient naturel de tous les propulseurs entièrement submergés, celui de ne rendre comme force utile qu'une partie limitée de la force dépensée par la machine, le mécanisme des roues, qui peut à la vérité subir plusieurs modifications, mais qui dépassera dans tous les cas l'axe des palettes, offrira dans l'eau une résistance très-sensible. Le grand avantage qui résulterait de l'emploi de ce propulseur serait une facilité surprenante dans les manœuvres, ce qui, pour les navires de guerre surtout, constitue une qualité précieuse.

Cette roue, du reste, ne figure ici que pour mémoire, comme faisant partie de la série complète des propulseurs sous-marins. Elle se trouve complètement écartée par l'invention de la roue à palettes rotatives dont les axes sont perpendiculaires à l'axe de la roue. — Les palettes de cette dernière roue imitent, dans leur mouvement, le mécanisme de l'aile et de la nageoire. Cette roue est donc construite d'après les principes de la nature animée. Elle réunit à un degré supérieur tous les avantages de la première roue, sans être entachée des vices dont les lois naturelles permettent d'affranchir un propulseur de cette espèce.

La figure G de la 2e planche explique le mécanisme de ce nouveau propulseur dont la conception, dans sa position verticale comme roue aérienne, date du mois de juin 1837. Cette roue contient, comme les applications de la sonde libre, une idée entièrement neuve. Elle donne la main à l'hydrostat pour l'établissement des tunels et ilots flottants, et pour la construction du pyroscaphe sous-marin, applications apogée dans l'état actuel des sciences où la vapeur engendrée par *le charbon fossile* est le moteur par excellence.

La figure représente la roue dans sa position la plus avantageuse, avec un axe vertical. La roue n'aura que deux palettes, fixées aux deux extrémités d'un même diamètre. Ces palettes sont normales l'une à l'autre. L'arbre coudé vertical se bifurque vers sa partie inférieure; ses deux bras se terminent en douilles dans lesquelles le diamètre tourne librement. La rotation des palettes est obtenue par la combinaison de deux roues, la roue horizontale immobile *a* et la roue verticale mobile *b* d'une grandeur double. Celle-ci est liée à l'axe des palettes auxquelles elle communique son mouvement de rotation. Pour donner aux bras de l'arbre un écartement convenable, la roue verticale prend une forme particulière, celle d'une calotte de sphère ou plutôt d'ellipsoïde allongé. Comme pour le propulseur précédent, la roue qui doit rester immobile n'est pas fixée au corps du pyroscaphe. Au moyen de l'engrenage auxiliaire *c* elle est liée à la roue *d*, dont l'axe passe à travers le navire et se termine en clef *d'* qui sert de gouvernail.

Les dimensions des roues peuvent être réduites à d'assez petites proportions; ces roues fatiguent très-peu et ne sont exposées à aucune secousse.

Les trois roues ainsi réduites peuvent être enfermées dans une capsule de forme lenticulaire, composée de deux calottes sphériques. La calotte supérieure est immobile; elle déborde un peu l'inférieure qui est mobile. La première est fixée au navire; la seconde tient aux deux bras de l'arbre coudé et tourne avec eux.

Par l'emploi de cette roue, la machine à vapeur se trouve réduite à une simplicité extrême par l'adoption, comme pour la locomotive naturelle, du cylindre à double tige, oscillant dans le sens horizontal. Car, comme pour cette locomotive, la rotation des deux arbres coudés a lieu en sens opposé.

La figure n° 3 donne la combinaison de deux roues horizontales, mises en mouvement par deux cylindres à double tige. Les arbres coudés traversent la quille vers l'une ou l'autre extrémité du navire.

Un modèle complet de ce système a été construit dans les ateliers du citoyen *ROUSSELOT*, mécanicien, quai Valmy, 109, à Paris. Les deux propulseurs ont été appliqués à une petite barque qui porte facilement deux hommes. Cette barque exécute, sans gouvernail, toutes les manœuvres ci-après désignées, moins la marche latérale qui exige quatre roues.

Le Gouvernement provisoire, par sa lettre du 30 mars, n° 6377, a accepté, au nom de la République, le don de ce nouveau propulseur sous-marin.

Lorsque le navire ira à la voile seulement, le diamètre qui sert d'axe de rotation aux palettes, prendra une direction parallèle à la quille. Dans cette position, les palettes n'offrent pas de résistance et servent de gouvernail inerte. Comme elles sont normales l'une à l'autre, elles combattent en même temps le roulis et le tangage.

Avec quatre propulseurs, deux vers chaque extrémité, le pyroscaphe exécute, sans gouvernail et sans déranger l'allure uniforme de la machine à vapeur, toutes les manœuvres imaginables. Marche rectiligne à toutes les allures ; passage en une seule seconde à l'impulsion rétrogade à toute vapeur ; halte ou stop ; marche latérale, normale à la quille ou oblique; marche en spirale ; pirouette sur la proue, sur la poupe ou sur le centre. — La pression constante que la rotation des palettes exercera sur la clef directrice sera facilement neutralisée par l'emploi d'un piston soulevé par l'air comprimé, contenu dans un petit réservoir. La clef sera libre et gardera une grande mobilité.

Ce propulseur serait un *maximum* si sa puissance était en harmonie avec sa souplesse. Mais, étant de même nature que l'hélice et la roue à axes parallèles, il ne peut lutter de force avec la roue superficielle, lorsque la mer est entièrement calme.

CHAPITRE TROISIÈME.

Propulseur-Apogée.

Dans la première partie de cette notice, j'ai converti la roue de la locomotive terrestre en propulseur libre, affranchi des obstacles qu'offraient les pentes et les courbes, et réalisant dans les descentes une économie de force égale au surcroît dépensé dans les montées. Pour obtenir ce résultat, je n'avais qu'à copier littéralement la formule de création de la jambe de l'homme, et à développer en cercles les secteurs et segments que forment les parties élémentaires de ce membre. Les deux axes verticaux qui supportent la locomotive animée, composé chacun du fémur se bifurquant en *tibia* et *péroné*, ont la même forme pour la locomotive-machine.

Pour la construction des chemins de fer on devait, avant tout, consulter les hommes pratiques familiarisés avec la locomotion. Le premier postillon venu pouvait donner la formule logique : Pour faire marcher une voiture sur un chemin glissant, il faut un cheval *ferré à glace*. — Les ingénieurs ont trouvé un moyen plus grandiose, plus *ingénieux*. Pour empêcher le cheval de glisser, ils lui ont mis sur le dos une charge capable d'écraser vingt dromadaires. Ils ne voyaient pas que le pied ferré du cheval forme une roue horizontale dentelée. Pour compléter sa ressemblance avec l'animal du désert, ce pauvre cheval porte constamment sa nourriture sur le dos, le manger et le boire.

Pour construire la roue naturelle du pyroscaphe, j'ai pris la formule de création de la jambe des palmipèdes, non la formule entière, mais la partie qui se rapporte à l'emploi de cette jambe comme propulseur maritime. — *Formule :* Rotation dans le sens vertical; palettes constamment normales à la surface de l'eau; la partie supérieure de la roue tourne dans une cloche à plongeur dont les parois sont formées par les plumes et le duvet.—Cette formule a pour résultat un mécanisme qui se trouve au-dessous de flottaison sans être entièrement baigné par l'eau.

Son emploi logique pour la nature inanimée amène la création d'une surface artificielle au-dessous de flottaison où règne un calme plat constant.

Le problème terrestre et maritime, et sans doute aussi le problème aérien (1), peuvent se résumer en une formule unique : « Création d'une voie artificielle n'opposant d'autre obstacle à la locomotion que la résistance uniforme causée par le frottement. » La formule des palmipèdes indique le moyen à employer pour obtenir ce résultat pour la locomotion maritime.

La roue actuelle sera placée dans l'intérieur du navire. Les palettes seront beaucoup plus larges que les palettes actuelles, ce qui diminuera de beaucoup leur longueur et par conséquence la largeur de la roue. Il y a deux roues, une de chaque côté de la quille. Le navire est construit de manière à présenter en dessous, de chaque côté, un plan horizontal d'une largeur un peu supérieure à la largeur de la roue dont les palettes inférieures atteignent presque le niveau de la base inférieure de la quille; chaque plan a une ouverture qui donne passage à la partie inférieure de la roue de propulsion. Tout le restant de la roue est couvert par un tambour hermétiquement fermé et ne donnant passage qu'à l'arbre coudé, du côté intérieur seulement. Une pompe pneumatique, refoulante, remplit le tambour d'air comprimé et en chasse l'eau qui s'abaisse jusqu'à 50 centimètres environ, au-dessus de l'ouverture. Lorsque le navire sera soumis à un fort tangage on tiendra cette couche d'eau un peu plus épaisse. Le peu de largeur des tambours laisse peu d'influence au roulis. Rien, d'après ces dispositions, ne doit déranger le niveau d'eau dans les tambours. Les arêtes supérieures et inférieures des palettes seront arrondies et formeront le tranchant. Cette précaution est surtout nécessaire

(1) La question aérienne n'a provisoirement qu'une valeur purement théorique. L'exploration de toutes les régions de l'atmosphère par la sonde aérienne à échappement est nécessaire avant que de pouvoir attaquer avec succès la question pratique.

pour le côté supérieur, afin d'empêcher la formation de bulles d'air que la marche rapide du navire pourrait entraîner en arrière et qui pourraient ne pas rentrer dans le tambour. La perte d'air, si toutefois elle ne sera pas complètement éliminée, ce que l'expérience apprendra, se trouvera, dans tous les cas, réduite à une quantité insignifiante, que la pompe refoulante, en communication avec la machine, remplacera aisément. Un baromètre servira d'indicateur constant et agira sur le mécanisme de la pompe. On laissera au diamètre du propulseur les plus grandes dimensions compatibles avec la grandeur du navire, afin de donner une longueur convenable à l'ouverture inférieure du tambour.

La grande largeur des palettes permettra de ramener la roue à la forme du pentagone. Les deux roues seront montées de manière à former, étant superposées, le décagone régulier. Cette forme suffit pour donner au mouvement toute la régularité désirable par le jeu continu de dix palettes.

Pour le système pentagonal la rotation des palettes pourra être obtenue avantageusement par un mécanisme différent de celui que présente la figure F. La figure 4 de la deuxième planche (H) donne la coupe verticale de cette roue avec le tambour, vue de côté; et la figure 5 (H') donne le mécanisme d'une palette, avec le système complet des deux tambours, vue dans leur épaisseur. Les tambours seront fixés aux parois intérieures du navire. J'ai supprimé la clef directrice de la figure F afin de donner au mécanisme plus de solidité. La roue centrale immobile *a* est solidement fixée au navire. Les roues *a* et *b* sont de même grandeur entre elles. Leur rayon est un peu plus grand que la cinquième partie de la distance entre les deux axes afin que les roues auxiliaires ne s'engrènent pas les unes dans les autres. La roue ainsi disposée est exempte de tous les vices de l'hélice et de la roue extérieure ; elle réunit les qualités précieuses de ces deux propulseurs. La roue horizontale a sur elle le seul avantage d'exécuter plus promptement toutes les manœuvres. Mais la question des manœuvres est fort secondaire. Elle n'a une importance majeure que pour les navires de guerre, machines de destruction, indignes de l'homme, et que les nouvelles destinées de l'humanité vont faire disparaître. Le mot fraternité ennoblira bientôt les bannières de tous les peuples. Pour réunir, du reste, dans une seule construction tous les avantages de la roue à tambour intérieur et de la roue horizontale de la seconde espèce, on pourra remplacer le gouvernail inerte par une paire de ces dernières roues auxquelles on ne donnera qu'une très-faible puissance, qui du reste se traduirait, pendant la marche directe, en force *utile* pour la propulsion, et aussi grande que celle obtenue par l'hélice sous les mêmes conditions.

Un des reproches faits à juste titre à l'hélice, en dehors de son vice fondamental, sous le rapport de l'économie du combustible, consiste dans la difficulté d'exécuter les réparations dont elle a si souvent besoin à cause de la rapidité de sa rotation.

L'espèce de cloche à plongeur, dans laquelle le nouveau propulseur est enfermé, rend toutes ses parties aussi facilement accessibles que si elles se trouvaient en plein air. Les deux tambours trouveront un emplacement tout naturel par l'adoption générale des cylindres oscillants, qui rend disponible toute l'espace occupée par les parallélogrammes articulés, mécanisme qui a fait son temps.

Il est probable que les tambours ne conserveront pas leurs formes purement cylindriques. On ne laissera toute l'épaisseur qu'à la partie extérieure, parcourue par les palettes. La partie intérieure, près de l'arbre coudé, peut être très aplatie. Les incisions dans le ventre du navire seront alors faites en forme de violon.

Tout le mécanisme incommode du tambour extérieur disparaitra, avec la résistance qu'il offre aux vents, précisément dans les moments où la grosse mer réduit le propulseur à l'impuissance. — L'arbre coudé se trouvera réduit de beaucoup, non-seulement en longueur, mais aussi en grosseur, étant dorénavant exempt de toute secousse. — Les tambours seront placés vers le centre de gravité du navire, afin que le tangage ne puisse causer de trop grandes oscillations verticales du niveau d'eau.

Il sera même possible de donner aux tambours, au lieu de la forme circulaire, la forme d'une ellipse allongée, par le mécanisme de rayons rétractiles. Ce mécanisme nécessitera l'emploi du levier rhomboïdal qui, jusqu'ici, n'a servi que de jouet aux gamins de Paris. La figure 6 de la 2e planche donne les dispositions élémentaires d'un tel mécanisme. Les palettes resteraient toujours perpendiculaires et la longueur de chaque ouverture, à pratiquer dans le navire, se réduirait à une proportion qui n'aurait rien d'effrayant, même pour les marins les plus timides. La grande difficulté, outre le mécanisme autour de l'arbre coudée, serait de donner au levier une rigidité suffisante lorsque les deux bras, dans les positions verticales, sont superposés. Ce résultat, je pense, serait obtenu, en employant des rhomboïdes assez allongés pour que les coudes d'un bras ne coïncident pas avec ceux de l'autre. Le temps m'a manqué pour étudier pratiquement cette question, qui a une portée immense, car c'est par l'emploi de ce levier que le créateur a obtenu la force musculaire des êtres animés. Pour tout mouvement, les extrémités supérieures, sur lesquelles agit la volonté, s'écartent—le tendon se gonfle et se raccourcit, et *vice versa*.

Du reste, avant que de penser à toutes les perfections du système apogée, il faut d'abord que ce système soit admis en principe comme le meilleur possible.

Une question se présente ici naturellement : Combien de temps faudra-t-il au nouveau propulseur pour détrôner les anciens? La réponse est fort difficile, car les hommes d'aujourd'hui sont les descendants immédiats de ces hommes orgueilleux et pleins de préjugés qui ont laissé languir pendant plus de dix ans la machine admirable de Watt, et qui ont traité d'extravagance les conceptions de Fulton. *Faire marcher un vaisseau en le changeant en fournaise, quelle folie!* s'est naïvement écrié le grand Napoléon.

Il suffit souvent de l'insuccès d'un premier essai pour faire rejeter une invention qui plus tard fait l'admiration des hommes : et l'insuccès premier est souvent dû à l'inhabileté et peut-être même au mauvais vouloir du constructeur. — Malgré le sort de l'exclamation du grand homme, beaucoup d'autres, et peut-être de très-petits, crieront : *Faire deux énormes incisions dans le ventre d'un vaisseau pour le guérir de son impuissance, quelle folie!* » —

L'examen de la valeur d'une invention est toujours confié à des hommes appartenant à des corporations privilégiées. Jaloux de leur renommée, et imbus d'un esprit de corps exagéré, ils repoussent systématiquement toute innovation dont l'auteur est un profane. *Nihil est ab omni parte beatum : Rien dans le monde n'est parfait.* Toute chose a donc forcément un mauvais côté, qu'il est aussi facile de faire ressortir que ses brillantes qualités. Il n'y a qu'un seul apogée maximum : c'est *l'Être Suprême.*

Les inventeurs sont presque toujours des hommes inconnus, des pauvres diables. Les moyens pécuniaires leur manquent pour faire exécuter un modèle pratique de la chose inventée.

Ils rédigent un mémoire ; — ce mémoire n'a pas des allures académiques ; — on regarde la signature ; — c'est un nom dont M. le Rapporteur n'a jamais entendu parler ; — ce griffonnage ne peut provenir que d'un imbécile ; — on ne peut troubler, pour si peu, la sieste de *ses confrères.* — Le mémoire est dédaigneusement jeté dans un carton poudreux d'où il ne sort plus.

La présente notice est-elle destinée à avoir un sort semblable? Je ne le pense pas ; car je ne me suis pas borné à une communication académique. J'ai eu heureusement à ma disposition quelques centaines de francs, au moyen desquels j'ai pu faire exécuter sous mes yeux, par un mécanicien habile et consciencieux, un modèle complet et pratique d'un des nouveaux propulseurs. — On se demandera naturellement comment un officier sortant de la classe des sous-officiers, un capitaine d'habillement d'infanterie, peut avoir la prétention d'attaquer de front et de résoudre les plus hauts problèmes de la mécanique, problèmes dont la solution a échappé à tous les efforts des savants de profession. La réponse est fort simple. L'étude logique des lois naturelles peut seule amener le progrès. Or, cette étude est impossible à une tête entièrement bourrée de formules creuses des hautes mathématiques et de nomenclatures abrutissantes, inventées par les savants modernes.

Pour ne pas donner trop d'extension à cette seconde partie, je traiterai dans une notice spéciale les questions suivantes :

1° Suppression du chauffeur dont les fonctions seront remplies par la machine elle-même.

2° Suppression du timonier. Le gouvernail sera lié à la boussole au moyen d'un appareil électromagnétique agissant sur la machine à vapeur.

3° Combinaison de l'hydrostat et des nouveaux propulseurs pour la construction du pyroscaphe sous-marin. Placement de la boussole sur une girouette aquatique qui porte en même temps un loch constant.

4° Combinaison de l'hydrostat et de la roue horizontale pour l'établissement des tunels flottants pour lier entre eux les continents et les îles principales. Stations maritimes ou ilots flottants.

P. S. Cette seconde partie était déjà sous presse, lorsque je me suis aperçu que j'avais manqué aux formules du triangle développées dans la première partie. Je n'avais examiné la réduction du tambour que dans un seul sens. J'ai immédiatement posé là formule d'un rayon rétractile, en ajoutant dans le texe quelques mots sur l'emploi du levier rhomboïdal. J'étais alors préoccupé de l'idée des palettes toujours verticales dont l'usage est incompatible avec l'emploi de ce levier, à moins de donner au mécanisme une complication qui lui ferait perdre toute valeur pratique. Le glissement des deux branches du levier l'une par dessus l'autre ne détruirait pas, il est vrai, la rigidité du rayon dans sa position verticale; mais cette tringle n'offrirait que peu de solidité, et la résistance des palettes provoquerait avec une grande force l'écartement des deux extrémités superposées près de l'arbre coudé.

La verticalité des palettes perd, du reste, beaucoup de son importance avec l'emploi des rayons rétractiles, où la vitesse des palettes décroît rapidement à mesure que celles-ci s'éloignent de la perpendiculaire.

Avant la correction des épreuves de la dernière feuille, j'ai eu le temps de construire un petit modèle d'un levier rhomboïdal double donnant quatre rayons rétractibles, formant entre eux des angles droits. La planche troisième donne le mécanisme complet de ces leviers. Ce système a une valeur toute *pratique*. Chaque rayon est formé par trois losanges, ou plutôt par deux losanges et un triangle, car le losange central leur est commun à tous les quatre. Les côtés des trois parallélogrammes articulés sont comme 4, 3 et 2, afin de donner plus de solidité au centre des leviers. Les quatre articulations du grand rhombe central sont munies de douilles très-fortes dans lesquelles passent librement les tringles *k* et *n* qui maintiennent tout le système. Les leviers peuvent ainsi se raccourcir et s'allonger à volonté.

Les douilles qui reçoivent les tiges *k* sont munies chacune d'un tenon de direction qui glisse entre les deux filets saillants de l'ellipse directrice. L'extrémité de chaque rayon décrit dans le tambour une ellipse semblable à l'ellipse centrale. L'arbre coudé porte dans chaque tambour deux systèmes parallèles, distant de 70 centimètres. Chaque palette est munie de deux tiges qui sont liées aux losanges extérieurs par une disposition semblable à celle employée pour le parallélogramme central.

Les tiges *k* et *c* ne sont pas représentées dans toute leur longeur. Elles ne se gênent pas dans leur mouvement, se trouvant sur les faces opposées des côtés lamellaires des losanges.

A chaque coude les deux systèmes parallèles sont liés par des traverses. Comme tout le mécanisme est à l'abri de toute secousse, et que les palettes travaillent dans un calme parfait, le système dans lequel n'entre pas une seule roue dentelée, s'usera fort peu. Toutes les parties sont du reste facilement accessibles et peuvent être remplacées en peu de temps. Comme il importe de ne laisser entre les deux tambours que peu d'espace, on pourra ne donner à l'arbre qu'un seul coude auquel on attacherait les deux tiges des cylindres oscillants dont l'un serait normal à l'autre dans le plan vertical. Les deux propulseurs combinés forment l'octogone régulier.

La troisième planche contient toutes les indications nécessaires pour la construction du propulseur. La figure suppose les deux doubles leviers dépendant d'un seul losange central. Ce système nécessiterait l'emploi d'un tambour d'une forme particulière, car le levier subordonné qui, dans la figure est vertical, ne suit pas le contour de l'ellipse. Pour conserver le tambour elliptique il faudra rendre les deux leviers indépendants en dédoublant le rhombe commun, et en plaçant une ellipse de contraction sur chacune des faces intérieures du tambour.

Pour réduire également la hauteur des tambours, il faudra pousser le système des rayons rétractiles dans ses dernières conséquences, en le ramenant à sa plus simple expression. L'arbre coudé sera placé, non au centre de l'ellipse directrice, mais dans son foyer supérieur. Chaque tambour ne portera que deux rayons ou leviers simples, indépendant l'un de l'autre, et diamétralement opposés, ce qui réduira à *deux* le nombre de palettes par roue de propulsion. La pratique donnera probablement une légère inclinaison en avant, au grand axe de l'ellipse. Le cercle excentrique, au lieu de l'ellipse, donnera de très-bons résultats en imprimant au mouvement du tenon la régularité dont la pratique a déjà tiré un si grand parti. Ce système, à quatre palettes seulement, aura l'avantage de mettre l'emploi de la force en rapport direct avec son développement par les quatre coups de pistons correspondant à chaque révolution de l'arbre coudé. — Voir la figure 2e de la 3e planche et la planche 4e, construite pour le système octogonal.

Le développement des losanges se distingue par cette grace particulière de bonne augure du parallélogramme articulé, pour lequel l'illustre *Arago* a trouvé de si belles paroles dans l'éloge historique de *Watt*.

Paris, 30 avril 1848.

FERDINAND.

Paris. — Imprimerie de WITTERSHEIM, rue Montmorency, 8.

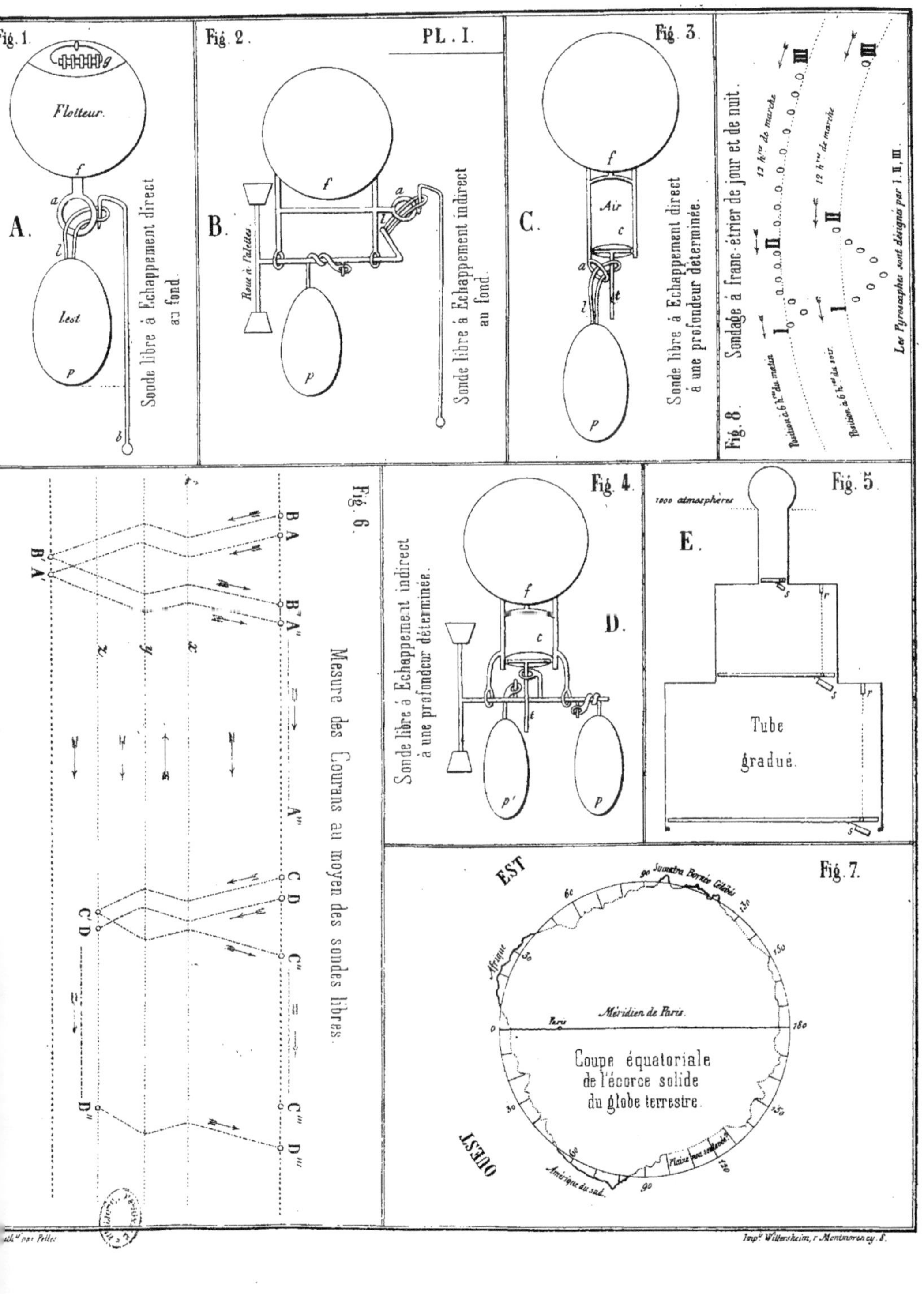

Lith.ie par Pellet
Impr. Wittersheim, r. Montmorency 8.

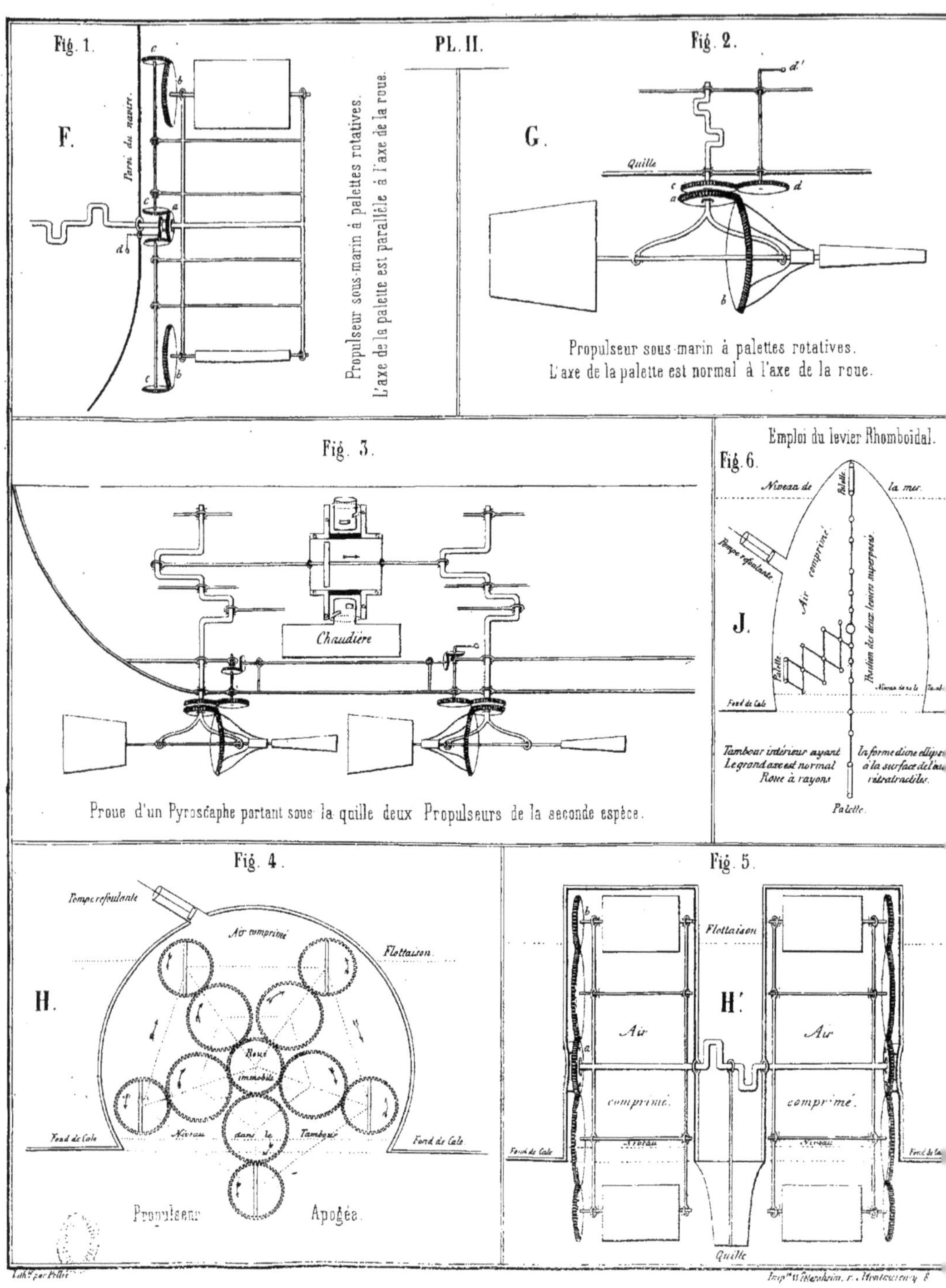
PL. II.
Fig. 1.
F.
Paroi du navire.
Propulseur sous-marin à palettes rotatives.
L'axe de la palette est parallèle à l'axe de la roue.
Fig. 2.
G.
Quille
Propulseur sous-marin à palettes rotatives.
L'axe de la palette est normal à l'axe de la roue.
Fig. 3.
Chaudière
Proue d'un Pyroscaphe portant sous la quille deux Propulseurs de la seconde espèce.
Emploi du levier Rhomboïdal.
Fig. 6.
J.
Niveau de la mer.
Pompe refoulante
Air comprimé
Palette
Position des deux leviers superposés
Fond de Cale
Tambour intérieur ayant la forme d'une ellipse
Le grand axe est normal à la surface de l'eau
Roue à rayons rétratractiles.
Palette.
Fig. 4.
H.
Pompe refoulante
Air comprimé
Flottaison.
Roue immobile
Niveau dans le Tambour
Fond de Cale
Fond de Cale
Propulseur Apogée.
Fig. 5.
H'.
Flottaison
Air comprimé.
Air comprimé.
Niveau
Niveau
Fond de Cale
Fond de Cale
Quille
Lith. par Pellet
Imp. Wittersheim, r. Montmorency 8

PL. III.

ROUES DE PROPULSION A RAYONS RÉTRACTILES,

SYSTÈME OCTOGONAL.

1° Emploi du levier rhomboïdal double.

ELLIPSES CONCENTRIQUES.

Grand axe normal à la surface de l'eau.
Axe du levier coïncidant avec le plan de la palette.
Deux Tambours simples. — Quatre Ellipses de contraction.

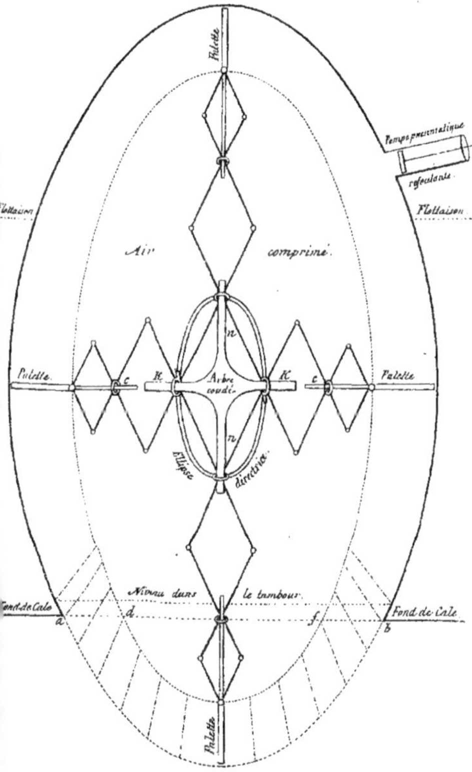

Coupe horizontale du Tambour en *a b*.

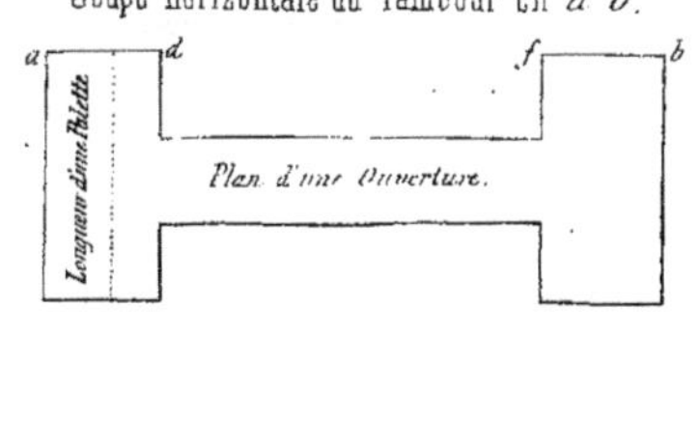

2° Emploi du levier rhomboïdal simple.

CERCLES EXCENTRIQUES. (Figure supplémentaire.)

Diamètre commun, incliné en avant, de 36°.
Palette rigidement liée au bras gauche du levier, sous un angle de 135°.
Deux Tambours doubles —— Huit Cercles de contraction.

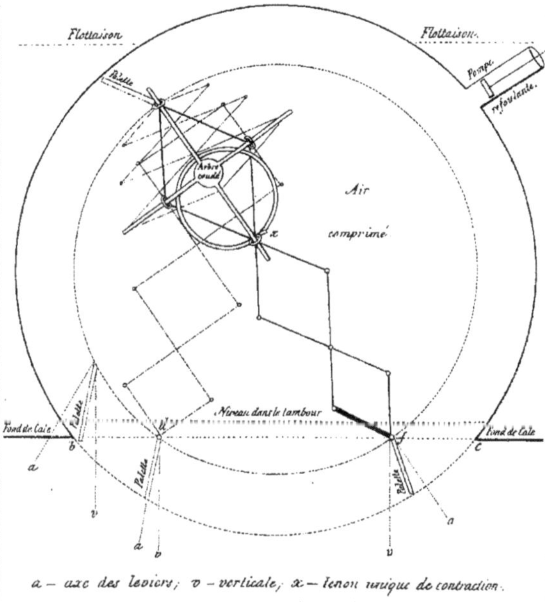

a — axe des leviers; v — verticale; x — tenon unique de contraction.

——— ° *Plus grande extension du rayon rétractile. (Aphélie).*
- - - - ° *Plus grande contraction du levier articulé. (Périhélie).*
-·-·- ° *Position dans laquelle les Palettes commencent à être entièrement submergées.*

Coupe horizontale, au fond du navire, des deux Tambours doubles.

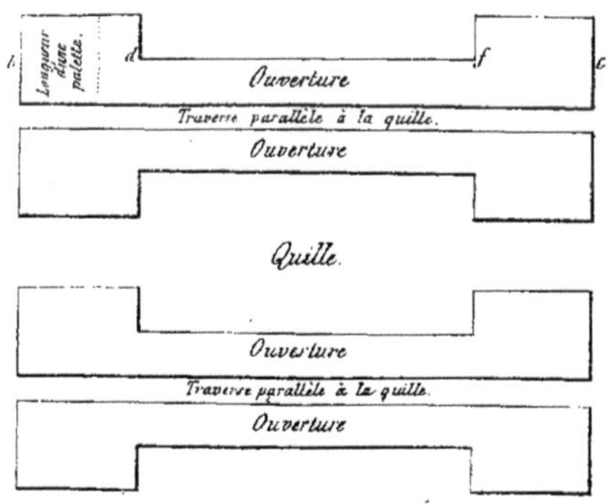

Lith. par Feller. Imp. Wittersheim, r. Montmorency, 8.

PL. IV.

Côtés des Losanges.
A 2m
B 1m 50c
C 1m

PROPULSEUR APOGÉE A RAYONS RÉTRACTILES.

Côtés des Losanges : 2 mètres, 1 mètre 50c et 1 mètre. Plus grande hauteur du Tambour 5m 20c. Longueur totale 8m 80c. Longueur de l'ouverture au fond du navire, de chaque côté de la quille, 5m 30c. Élévation de l'arbre coudé au dessus du niveau de la cale : 2m 70c. Hauteur de la palette : 50c. Avec ces dimensions, le Propulseur fonctionne comme une roue ordinaire de 14m de diamètre, mesuré en dedans des palettes.

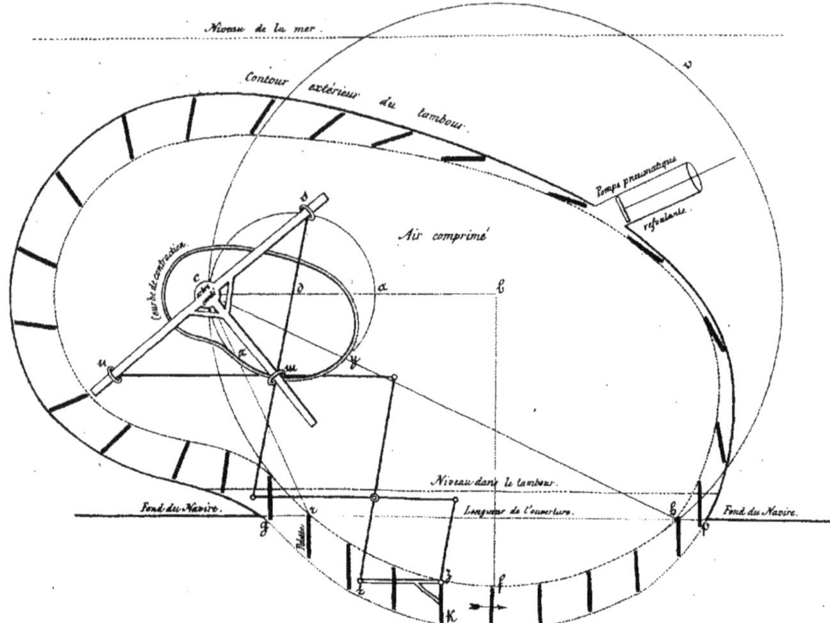

Construction du Propulseur. Prenez une droite c a = A, et décrivez un cercle dont c a soit le diamètre horizontal. Avec un rayon b c = $\frac{A}{2}$ + B + C faites un cercle, tangent au premier en c. Abaissez de b une verticale b f ; coupez les deux arcs f r = f h = 40c ; tirez c r et c h, et joignez r et h par une droite que vous prolongerez des deux côtés. Les points d'intersection x et y détermineront la partie absolue de la courbe de contraction, c'est-à-dire l'arc x m y. L'arbre coudé sera placé en c. Le théorème développé ci-dessous démontre que u m est parallèle à c a ; c'est-à-dire que u m est une ligne horizontale, et que cette ligne reste constamment horizontale tant que m reste sur la périphérie c x m y a s. Comme t z est constamment parallèle à u m, il suffit de fixer la palette z K sous un angle droit au côté t z, pour obtenir, d'une manière toute naturelle, la verticalité constante de cette palette. Les palettes ne travaillent que de r en h ; la forme circulaire x m y n'est donc de rigueur que pour cette partie de la courbe seulement. On achèvera cette courbe par un tracé convenable qui la fasse passer en dehors de l'arbre coudé, en évitant de rendre trop forcée la contraction du triangle u m s. Le point z décrira une courbe semblable à la courbe de contraction. Le contour extérieur du Tambour s'appuie en g et en p sur le fond du navire. Pour donner aux palettes 1m de hauteur, au lieu de 50c il faudra donner à l'ouverture 6m 50c de longueur au lieu de 5m 30c. La vitesse absolue des palettes de r en h est uniforme. L'angle r c h est de 80c ; avec g r et h p la palette dépensera à peu près la huitième partie de la force (45c) développée par la roue. Comme le losange central est changé en triangle, la courbe pourra facilement servir à un second levier diamétralement opposé au premier, ce qui donne quatre palettes par tambour, et huit, ou la roue complète, pour deux tambours simples.

Contre l'opinion consignée dans le texte, la verticalité constante des palettes est donc non seulement compatible, mais toute naturelle, avec l'emploi logique du rayon rétractile.

Théorème qui sert de base à la forme de la Courbe-directrice-Apogée.

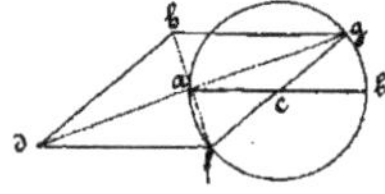

Ce théorème manque dans les traités de Géométrie.

Le diamètre a b est égal au côté d f du losange d f g b qui a son centre situé en a, et le sommet f dans un point quelconque de la périphérie. Je dis d f est parallèle à a b ; car : f a g = R, donc f g qui est égale à a b est un diamètre, donc c est le centre, et c a f = c f a = a f d.

Lith. par Tellier.   Impie Willershaim, r. Montmorency, 8.

www.ingramcontent.com/pod-product-compliance
Ingram Content Group UK Ltd.
Pitfield, Milton Keynes, MK11 3LW, UK
UKHW012134240726
13965UKWH00005B/2166

9 782013 552530